FORSCHUNGSBERICHTE DES LANDES NORDRHEIN-WESTFALEN

Nr. 1741

Herausgegeben
im Auftrage des Ministerpräsidenten Dr. Franz Meyers
vom Landesamt für Forschung, Düsseldorf

DK 512.896.43
512.898.4

Dr. rer. nat. Wolfgang Hutter

Rhein.-Westf. Institut für Instrumentelle Mathematik Bonn (IIM)

Zur algebraischen Kennzeichnung der Monome
über einem Vektorraum

WESTDEUTSCHER VERLAG · KÖLN UND OPLADEN 1966

Diese Veröffentlichung ist zugleich Nr. 12 der »Schriften des Rheinisch-Westfälischen Institutes für Instrumentelle Mathematik an der Universität Bonn (Serie A)«

ISBN 978-3-322-97945-2   ISBN 978-3-322-98510-1 (eBook)
DOI 10.1007/978-3-322-98510-1
Verlags-Nr. 011741

© 1966 by Westdeutscher Verlag, Köln und Opladen
Gesamtherstellung: Westdeutscher Verlag ·

Inhalt

1. Problemstellung 7
2. Erste Reduktion des Problems 12
3. Zweite Reduktion des Problems 25

Literaturverzeichnis 33

1. Problemstellung

Ausgangspunkt dieser Arbeit ist das folgende Problem: Gegeben sind zwei Vektorräume E und F über einem Skalarkörper L der Charakteristik Null[1]. Ist f eine Abbildung von $E^p (p \geq 0)$ in F, so sage ich von der durch

$$\hat{f}(x) = \underbrace{f(x, \ldots, x)}_{p\text{-mal}}$$

definierten Abbildung $\hat{f}$ von E in F, sie sei durch Variablenidentifikation aus f entstanden. Genau die Funktionen $g \in F^E$, welche durch Variablenidentifikation aus multilinearen Abbildungen von E in F entstehen, bezeichne ich als F-Monome über E[2,3]. Die Stellenzahl einer multilinearen Abbildung f, aus der ein Monom g durch Variablenidentifikation entsteht, heißt Grad des Monoms. Da $g = \hat{f}$ homogen vom Grade p ist, falls f p-linear ist, so bestimmt ein Monom $g \neq 0$ offenbar eindeutig seinen Grad[4].

Das Nullmonom dagegen hat jede natürliche Zahl als Grad. Die Monome vom Grade Null sind gerade die einstelligen Konstanten über E, denn die nullinearen Abbildungen sind genau die nullstelligen Konstanten über E, d. h. die auf $E^0 = \{\emptyset\}$ definierten Funktionen.

Die Monome p-ten Grades bilden einen Vektorraum (über L), den ich mit $\mathfrak{M}_p(E, F)$ bezeichne. Gelegentlich – vorzugsweise dann, wenn F der Skalar-

---

[1] Ich werde die Benutzung dieser Voraussetzung über die Charakteristik im folgenden stets durch eine Fußnote anmerken.
[2] Diese Definition findet sich bei J. SCHMIDT in [11], S. 136. HILLE legt in [3], S. 66, folgende Definition zugrunde: Ein F-Monom p-ten Grades über E ist eine Funktion g mit folgenden Eigenschaften:
  a) es gibt Funktionen $f_1, \ldots, f_p$ von $E \times E$ in F, so daß für alle $\lambda \in L$ und alle $x, y \in E$ gilt
  $$g(x + \lambda y) = \sum_{i=0}^{p} \lambda^i f_i(x, y);$$
  b) g ist homogen vom Grade p bezüglich des Skalarkörpers L.
  Die Definition dieser Arbeit erscheint bei HILLE als Satz (S. 68, Theorem 4.2.2 und Theorem 4.2.3). F. und R. NEVANLINNA sowie L. A. LUSTERNIK und V. J. SOBOLEV verwenden in [10], S. 90 bzw. [8], S. 327 eine leicht modifizierte Version der Definition durch p-lineare Abbildungen: Sie verlangen noch die Symmetrie dieser Abbildungen. Aber auch diese Definition liefert das gleiche wie die beiden anderen; das werde ich mit Hilfe des Symmetrisationsoperators sym im Zusammenhang mit der Diskussion der Polarisationsformel näher begründen.
[3] Summen von Monomen bezeichnet man als Polynome; die so koordinatenfrei begründete Theorie der Polynome mit Argumenten und Werten in Vektorräumen wird behandelt in [1, …, 11].
[4] Hier kommt schon Char $L = 0$ ins Spiel.

körper L oder ein Oberkörper des Skalarkörpers ist, aufgefaßt als Vektorraum über L – werde ich die Elemente von $\mathfrak{M}_p(E, F)$ auch als F-Formen p-ten Grades über E bezeichnen.

Man weiß nun: Ist L der Körper der rationalen Zahlen, so sind die F-Monome p-ten Grades über E genau die Abbildungen g von E in F, welche für alle $x, w \in E$ der Differenzengleichung

$$(L) \qquad \Delta_w^p g(x) = p!\, g(w)^5$$

genügen[6]. Da die Additivität einer Funktion ihre rationale Homogenität (ersten Grades) impliziert, kann man dieses Ergebnis auch so deuten: Ist L ein beliebiger Körper (der Charakteristik Null), so sind die durch Variablenidentifikation aus p-additiven Abbildungen f entstehenden Funktionen genau die Abbildungen von E in F, welche der Differenzengleichung (L) genügen. Es erhebt sich nun die Frage: Sind etwa die zwei Bedingungen (L) und

$$(H) \qquad g(\lambda x) = \lambda^p g(x) \qquad (\lambda \in L,\ x \in E)$$

charakteristisch für die F-Monome p-ten Grades über E? Dieses Problem der sogenannten inneren Charakterisierung der Monome[7] läßt sich wie folgt verallgemeinern: Gegeben sei ein Unterkörper K des Skalarkörpers L. Man kann dann durch Einschränkung der skalaren Multiplikation auf Skalare $\varkappa \in K$ aus E und F zwei weitere Vektorräume E_K und F_K ableiten.

Frage: Sind etwa die F-Monome p-ten Grades über E gerade die F_K-Monome p-ten Grades über E_K, welche homogen vom Grade p sind bezüglich des Skalarkörpers L? Damit ist das Problem dieser Arbeit geschildert.

Bezeichnet man mit $\mathfrak{H}^p(E, F)$ den Vektorraum der Abbildungen $g \in F^E$, welche die Bedingung (H) erfüllen, d. h. welche homogen vom Grade p sind, so läßt sich das Problem auch als Mengengleichung so schreiben: Ist

$$(M_1) \qquad \mathfrak{M}_p(E, F) = \mathfrak{M}_p(E_K, F_K) \cap \mathfrak{H}^p(E, F)?$$

Diese Arbeit wird für $p \geq 2$[8] folgende Lösung dieses Problems liefern: Ist L algebraisch über K oder $\dim E \leq 1$ oder $\dim F = 0$, so gilt (M_1); ist L transzendent über K und $\dim E \geq 2$ und $\dim F \neq 0$, so gilt (M_1) nicht, d. h. so gibt es ein F_K-Monom p-ten Grades über E_K, welches zu $\mathfrak{H}^p(E, F)$ aber nicht zu $\mathfrak{M}_p(E, F)$ gehört. Führt man die Sprechweise ein, ein Körperpaar (K, L), in dem K Unterkörper von L ist, habe die Eigenschaft $\mathfrak{E}_p$, falls (M_1) für alle Vektorräume E und F über L gilt, so lautet die Lösung in etwas abgeschwächter Form: $\mathfrak{E}_p$ ist äquivalent mit der Algebraizität von L über K.

---

[5] Diese Differenzengleichung wurde erstmalig von VAN DER LIJN in [5] betrachtet. VAN DER LIJN definiert in der zitierten Arbeit die Monome p-ten Grades in abelschen Gruppen als Lösungen dieser Differenzengleichung.
[6] Diese Tatsache habe ich in [4] bewiesen.
[7] Eine andere innere Charakterisierung der F-Monome p-ten Grades über E bilden z. B. die in Fußnote 2) aufgeführten Bedingungen der Definition von HILLE.
[8] Im Falle $p = 0$ oder $p = 1$ gilt ja (M_1) trivialerweise.

Diese Lösung finde ich durch mehrfache Reduktion des Problems auf eine einfachere Form. Das wesentlichste Hilfsmittel bei diesen Vereinfachungsprozessen ist die sogenannte Polarisationsformel. Zu ihrer Erläuterung bemerke ich: Man kann zu jeder p-linearen Abbildung f von E in F bilden

a) die Symmetrisierte $\operatorname{sym} f$; das ist wieder eine p-lineare Abbildung von E in F, und zwar eine symmetrische, definiert durch

$$\operatorname{sym} f(x_1, \ldots, x_p) = \frac{1}{p!} \sum_\sigma f(x_{\sigma(1)}, \ldots, x_{\sigma(p)}),$$

wobei die $x_1, \ldots, x_p \in E$ sind, und wobei die Summation zu erstrecken ist über alle Permutationen σ der Menge $\{1, \ldots, p\}$. Ist f symmetrisch, so ist $\operatorname{sym} f = f$;

b) das zugehörige F-Monom $\hat{f}$ p-ten Grades über E; das ist die Abbildung von E in F, welche durch Variablenidentifikation aus f entsteht.

Andererseits kann man zu jeder Abbildung g von E in F bilden die sogenannte p-te Polarisierte; das ist eine Abbildung $g_{(p)}$ von E^p in F, definiert durch

$$g_{(p)}(x_1, \ldots, x_p) = \frac{1}{p!} \Delta_{x_1, \ldots, x_p} g(0) = \frac{1}{p!} \sum_{M \subseteq \{1, \ldots, p\}} (-1)^{p-|M|} g\left(\sum_{j \in M} x_j\right).$$

Die Polarisationsformel besagt nun, daß für jede p-lineare Abbildung f von E in F gilt

(P) $\qquad \operatorname{sym} f = (\hat{f})_{(p)}$ [9].

[9] Die Polarisationsformel habe ich in dieser allgemeinen Form dem Vorlesungsmanuskript [11] von J. Schmidt entnommen. Hille/Phillips beweisen sie in [3], Theorem 26.2.3 für symmetrische f, d. h. sie zeigen, daß für jede symmetrische p-lineare Abbildung f von E in F $f = (\hat{f})_{(p)}$ gilt. Ist f eine beliebige p-lineare Abbildung von E in F, so liefert die Anwendung dieser Formel auf die symmetrische p-lineare Abbildung $\operatorname{sym} f$ wegen $\widehat{\operatorname{sym} f} = \hat{f}$ gerade die Formel (P). Eine andere Polarisationsformel – unter Polarisation jetzt allgemeiner jeder Übergang von einer Abbildung $g \in F^E$ zu einer Abbildung $f \in F^{(E^p)}$ verstanden – geben Lusternik und Sobolev in [8] an. Sie zeigen auf S. 328, daß für jede symmetrische p-lineare Abbildung f von E in F gilt

$$f(x_1, \ldots, x_p) = p! \frac{\partial^p}{\partial t_1 \ldots \partial t_p} \hat{f}\left(\sum_{i=1}^p t_i x_i\right).$$

Ist f eine beliebige p-lineare Abbildung von E in F, so liefert die Anwendung dieser Formel auf die symmetrische Abbildung $\operatorname{sym} f$ wegen $\widehat{\operatorname{sym} f} = \hat{f}$ das folgende Analogon zu (P):

(P') $\qquad \operatorname{sym} f(x_1, \ldots, x_p) = p! \dfrac{\partial^p}{\partial t_1 \ldots \partial t_p} \hat{f}\left(\sum_{i=1}^p t_i x_i\right).$

Für die Zwecke dieser Arbeit sind (P) und (P') gleichwertig, denn ich benutze im folgenden nur die (sich aus (P) oder (P') ergebende) Tatsache, daß $f \to \hat{f}$ eine Isomorphie zwischen $\mathfrak{S}_p(E, F)$ und $\mathfrak{M}_p(E, F)$ ist.

Das kann man folgendermaßen interpretieren: Man weiß, daß die Abbildung $f \to \hat{f}$, die jeder p-linearen Abbildung f von E in F das aus f durch Variablenidentifikation entstehende Monom p-ten Grades zuordnet, eine lineare Abbildung vom Vektorraum $\mathfrak{L}_p(E, F)$ aller p-linearen Abbildungen von E in F auf den Vektorraum $\mathfrak{M}_p(E, F)$ aller F-Monome p-ten Grades über E ist. Wegen

$$\widehat{\operatorname{sym} f} = \hat{f}$$

ist sogar die Einschränkung dieser Abbildung auf den Unterraum $\mathfrak{S}_p(E, F)$ der symmetrischen p-linearen Abbildungen von E in F noch eine Abbildung auf den Raum $\mathfrak{M}_p(E, F)$. Und aus der Polarisationsformel folgt schließlich, daß die eingeschränkte Abbildung eineindeutig, d. h. ein Isomorphismus ist, und daß die Umkehrung dieses Isomorphismus' gerade die Bildung der p-ten Polarisierten ist. Man kann also als Folgerung feststellen: Eine Abbildung g von E in F ist genau dann ein F-Monom p-ten Grades über E, wenn sie durch Variablenidentifikation aus ihrer p-ten Polarisierten entsteht, und diese eine p-lineare Abbildung von E in F ist.

Die Isomorphie zwischen dem Raum der Monome p-ten Grades und dem der symmetrischen p-linearen Abbildungen gestattet es, das anfänglich beschriebene Problem umzuformulieren als ein Problem über p-lineare Abbildungen. Dazu muß die Eigenschaft (H) (Homogenität p-ten Grades) ausgedrückt werden als Eigenschaft einer p-linearen Abbildung. In diesem Zusammenhang sind für eine Abbildung f von E^p in F folgende Homogenitätseigenschaften wichtig:

(H_1) $\quad f(\lambda x, \ldots, \lambda x) \quad = \lambda^p f(x, \ldots, x)$

(H_2) $\quad f(\lambda x_1, \ldots, \lambda x_p) \quad = \lambda^p f(x_1, \ldots, x_p)$

(H_3) $\quad f(\lambda_1 x, \ldots, \lambda_p x) \quad = \lambda_1 \cdot \ldots \cdot \lambda_p f(x, \ldots, x) \quad (\lambda, \lambda_i \in L;\ x, x_i \in E)$

(H_4) $\quad f(\lambda_1 x_1, \ldots, \lambda_p x_p) = \lambda_1 \cdot \ldots \cdot \lambda_p f(x_1, \ldots, x_p).$

Den Vektorraum der Abbildungen von E^p in F mit der Homogenitätseigenschaft (H_i) bezeichne ich mit $\mathfrak{H}_i(E^p, F)$. Für eine symmetrische p-lineare Abbildung von E_K in F_K sind die Eigenschaften (H_1), (H_2) und (H_3) äquivalent, wie später (Satz 2) gezeigt wird. Sind $f \in \mathfrak{S}_p(E_K, F_K)$ und $g \in \mathfrak{M}_p(E_K, F_K)$ ein Paar sich bei dem Isomorphismus zwischen $\mathfrak{S}_p(E_K, F_K)$ und $\mathfrak{M}_p(E_K, F_K)$ entsprechender Funktionen, so sind ebenfalls die folgenden Aussagen äquivalent:

a) f ist eine (symmetrische) p-lineare Abbildung von E_K in F_K, welche die Bedingung (H_1) erfüllt, aber dennoch keine p-lineare Abbildung von E in F ist;

b) g ist ein F_K-Monom p-ten Grades über E_K, welches die Bedingung (H) erfüllt, aber dennoch kein F-Monom über E ist.

Demnach läßt sich $\mathfrak{E}_p$ also auch so formulieren: Für alle Vektorräume E und F über L ist richtig, daß die symmetrischen p-linearen Abbildungen von E in F

gerade die symmetrischen p-linearen Abbildungen von E_K in F_K mit der Homogenitätseigenschaft (H_1) sind:

(M_2) $\qquad \mathfrak{S}_p(E, F) = \mathfrak{S}_p(E_K, F_K) \cap \mathfrak{H}_1(E^p, F),$

d. h. daß die Eigenschaft (H_4) aus der Eigenschaft (H_1) ableitbar und infolgedessen mit ihr äquivalent ist.

2. Erste Reduktion des Problems

In diesem Kapitel reduziere ich das anfangs geschilderte Problem auf die Frage nach der Existenz gewisser verallgemeinerter Ableitungsoperatoren im Körper L. Zunächst will ich zeigen, daß man sich bei der Behandlung des Problems auf den Fall $\dim F = 1$ beschränken kann. Zur Vorbereitung des entsprechenden Satzes dienen folgende Bemerkungen: Ich bezeichne den Skalarkörper L – aufgefaßt als Vektorraum über einem Unterkörper M – mit L_M. Im Falle, daß $F = L_L$ ist, lautet das Problem speziell: Sind die L_L-Formen p-ten Grades über E etwa gerade die L_K-Formen p-ten Grades über E_K, welche L-homogen vom Grade p sind? Oder, mengentheoretisch geschrieben: Ist

$$(M_1') \qquad \mathfrak{M}_p(E, L_L) = \mathfrak{M}_p(E_K, L_K) \cap \mathfrak{H}^p(E, L_L)\,?$$

Satz 1 Aus (M_1') folgt (M_1); wenn $\dim F \neq 0$ ist, gilt auch die Umkehrung.
Beweis: daß (M_1) aus (M_1') folgt, sieht man so: sei f eine symmetrische p-lineare Abbildung von E_K in F_K und $(a_i)_{i \in I}$ eine Basis von F. Dann läßt sich $f(x_1, \ldots, x_p)$ für Argumente $x_1, \ldots, x_p \in E$ in folgender Weise als (evtl.) formal unendliche Summe schreiben:

$$f(x_1, \ldots, x_p) = \sum_{i \in I} \lambda_i(x_1, \ldots, x_p) \cdot a_i,$$

wobei die λ_i Abbildungen von E^p in L sind, welche für eine feste Argumentkombination jeweils nur endlich viele von Null verschiedene Werte liefern. Man erkennt nun leicht aus der linearen Unabhängigkeit der a_i: die λ_i sind symmetrische p-lineare Abbildungen von E_K in L_K, und ist $\hat{f}$ L-homogen vom Grade p, so sind es auch die $\hat{\lambda}_i$. In diesem Falle sind also nach Voraussetzung die $\hat{\lambda}_i$ L_L-Formen p-ten Grades über E, und die λ_i selbst die nach der Polarisationsformel eindeutig bestimmten symmetrischen p-linearen Abbildungen von E in L_L, aus welchen die $\hat{\lambda}_i$ durch Variablenidentifikation hervorgehen. Dann ist aber natürlich f eine p-lineare Abbildung von E in F. Die Umkehrung zeige ich in der Kontraposition. Sei dazu

$$\varphi \in \mathfrak{M}_p(E_K, L_K) \cap \mathfrak{H}^p(E, L_L) - \mathfrak{M}_p(E, L_L).$$

Nach Wahl eines Vektors $a \in F$, $a \neq 0$, kann man eine Abbildung f von E in F definieren durch

$$f(x) = \varphi(x) \cdot a.$$

Offenbar gilt dann

$$f \in \mathfrak{M}_p(E_K, F_K) \cap \mathfrak{H}^p(E, L_L) - \mathfrak{M}_p(E, F).$$

Benutzt man die Sprechweise, ein Körperpaar (K, L) habe die Eigenschaft $\mathfrak{E}'_p$, falls (M'_1) für alle Vektorräume E über L richtig ist, so kann man den Satz abschwächen zu dem

Korollar $\mathfrak{E}_p$ und $\mathfrak{E}'_p$ sind äquivalent.

Satz 2 Folgende Aussagen über die symmetrische p-lineare Abbildung f von E_K in F_K sind äquivalent:

  (a) f hat die Homogenitätseigenschaft (H_1);
  (b) f hat die Homogenitätseigenschaft (H_2);
  (c) f hat die Homogenitätseigenschaft (H_3).

Beweis: (a) → (b) Ich definiere bei festem aber beliebigem $\lambda \in L$ zwei p-lineare Abbildungen g_λ und h_λ von E_K in F_K durch

$$g_\lambda(x_1, \ldots, x_p) = f(\lambda x_1, \ldots, \lambda x_p)$$
$$h_\lambda(x_1, \ldots, x_p) = \lambda^p f(x_1, \ldots, x_p).$$

Nach Voraussetzung ist $\hat{g}_\lambda = \hat{h}_\lambda$, und da g_λ und h_λ symmetrisch sind, müssen sie übereinstimmen.

(a) → (c) Ich definiere bei festem aber beliebigem $x \in E$ zwei p-lineare Abbildungen φ_x und ψ_x von L_K in F_K durch

$$\varphi_x(\lambda_1, \ldots, \lambda_p) = f(\lambda_1 x, \ldots, \lambda_p x)$$
$$\psi_x(\lambda_1, \ldots, \lambda_p) = \lambda_1 \cdot \ldots \cdot \lambda_p f(x, \ldots, x).$$

Nach Voraussetzung ist $\hat{\varphi}_x = \hat{\psi}_x$, und da φ_x und ψ_x symmetrisch sind, müssen sie übereinstimmen.

Aus der Äquivalenz von (a) und (c) ergibt sich das

Korollar Ist $\dim E = 1$, so ist jedes F_K-Monom p-ten Grades über E_K, das zugleich L-homogen vom Grade p ist, sogar ein F-Monom über E.

Satz 3 Folgende Aussagen über die p-lineare Abbildung φ von L_K in sich sind äquivalent:

  (a) φ hat die Homogenitätseigenschaft (H_1);
  (b) φ erfüllt die Bedingung
       (H_5) $\varphi(\lambda, \ldots, \lambda) = \lambda^p \varphi(1, \ldots, 1)$;
  (c) φ erfüllt die Bedingung
       (H_6) sym $\varphi(\lambda_1, \ldots, \lambda_p) = \lambda_1 \cdot \ldots \cdot \lambda_p \varphi(1, \ldots, 1)$;
  (d) φ erfüllt für $k = 0, \ldots, p$ die $p+1$ Bedingungen
       (H_7) $\displaystyle\sum_{\substack{w \in \{1, \lambda\}^{\{1, \ldots, p\}} \\ |w^{-1}(\lambda)| = k}} \varphi(w(1), \ldots, w(p)) = \binom{p}{k} \lambda^k \varphi(1, \ldots, 1)$.

Beweis: Die Äquivalenz von (a) und (b) ist trivial infolge des doppeldeutigen Auftretens von Elementen des Körpers L als Vektor und Skalar. Trivial sind auch noch die Implikationen (c) → (d) und (d) → (b). Zum Beweis von (b) → (c) führe ich durch

$$\psi(\lambda_1, \ldots, \lambda_p) = \lambda_1 \cdot \ldots \cdot \lambda_p \varphi(1, \ldots, 1)$$

eine symmetrische p-lineare Abbildung ψ von L_K in sich ein. Nach Voraussetzung ist $\hat{\psi} = \hat{\varphi} = \overline{\text{sym}\,\varphi}$. Da ψ und $\text{sym}\,\varphi$ symmetrische Abbildungen sind, muß $\psi = \text{sym}\cdot\varphi$ sein.

Eines der wichtigsten Probleme dieser Arbeit ist es, für $p \geq 2$ ein Körperpaar (K, L) zu finden, das nicht die Eigenschaft $\mathfrak{E}_p$ besitzt. $\neg\,\mathfrak{E}_p$ besagt: Es gibt Vektorräume E und F über L sowie ein F_K-Monom über E_K, das L-homogen vom Grade p und dennoch kein F-Monom über E ist. Satz 1 sagt, daß man bei der Konstruktion eines solchen Beispiels $F = L_L$ wählen kann; das Korollar zu Satz 2 sagt, daß man $\dim E \geq 2$ wählen muß. Eine solche Konstruktion wird in Satz 4 vorgenommen. Ich benutze dazu p-lineare Abbildungen des Vektorraumes L_K in sich. Eine solche Abbildung nenne ich nichttrivial, wenn sie nicht zugleich eine p-lineare Abbildung von L_L in sich ist, andernfalls trivial.

Satz 4 Folgende Aussagen über das Körperpaar (K, L) sind äquivalent:

(a) $\neg\,\mathfrak{E}_p$;

(b) es gibt eine nichttriviale p-lineare Abbildung φ von L_K in sich mit der Eigenschaft (H_2);

(c) es gibt zu jedem $i = 1, \ldots, p$ eine (nichttriviale) p-lineare Abbildung φ_i von L_K in sich mit der Eigenschaft (H_2) und mit

$$\varphi_i(\underbrace{1, \ldots, 1}_{(i-1)\text{-mal}}, \eta_i, 1, \ldots, 1) \neq \eta_i \varphi_i(1, \ldots, 1)$$

für ein geeignetes $\eta_i \in L$.

Beweis: (a) → (b) Gemäß $\neg\,\mathfrak{E}_p$ und nach den Sätzen 1 und 2 gibt es einen Vektorraum E sowie eine symmetrische p-lineare Abbildung f von E_K in L_K mit der Eigenschaft (H_2), welche keine p-lineare Abbildung von E in L_L ist. Es gibt daher Vektoren $x_1, \ldots, x_p \in E$ und Körperelemente $\xi_1, \ldots, \xi_p \in L$, für welche

$$f(\xi_1 x_1, \ldots, \xi_p x_p) \neq \xi_1 \cdot \ldots \cdot \xi_p f(x_1, \ldots, x_p)$$

ist. Ich setze

$$\varphi(\lambda_1, \ldots, \lambda_p) = f(\lambda_1 x_1, \ldots, \lambda_p x_p),$$

und das so definierte φ erfüllt offenbar die Homogenitätsbedingung (H_2).

(b) → (c) Es gibt Körperelemente $\xi_1, \ldots, \xi_p \in L$, so daß

$$\varphi(\xi_1, \ldots, \xi_p) \neq \xi_1 \cdot \ldots \cdot \xi_p \varphi(1, \ldots, 1)$$

ist. Daher muß es eine natürliche Zahl k mit $1 \leq k \leq p$ geben, so daß

$$\varphi(\underbrace{1, \ldots, 1}_{(k-1)\text{-mal}}, \xi_k, \ldots, \xi_p) \neq \xi_k \varphi(\underbrace{1, \ldots, 1}_{k\text{-mal}}, \xi_{k+1}, \ldots, \xi_p).$$

Mit diesem k bilde ich die Funktion

$$\psi_k(\lambda_1, \ldots, \lambda_p) = \varphi(\lambda_1, \ldots, \lambda_k, \lambda_{k+1}\xi_{k+1}, \ldots, \lambda_p\xi_p).$$

Dann setze ich

$$\varphi_i(\lambda_1, \ldots, \lambda_p) = \psi_k(\lambda_{\tau_{ik}(1)}, \ldots, \lambda_{\tau_{ik}(p)}),$$

wo τ_{ik} die Transposition der Menge $\{1, \ldots, p\}$ ist, welche i und k vertauscht. φ_i genügt offenbar allen in (c) gestellten Bedingungen.

(b) → (a) Es sei E ein beliebiger Vektorraum der Dimension p über L. $A = \{a_1, \ldots, a_p\}$ sei eine Basis von E, B eine solche von L_K. Dann ist

$$C = \{\beta a \mid \beta \in B, a \in A\}$$

eine Basis von E_K. Ist σ eine Permutation der Menge $\{1, \ldots, p\}$, so definiere ich durch

$$\varphi_\sigma(\lambda_1, \ldots, \lambda_p) = \varphi(\lambda_{\sigma^{-1}(1)}, \ldots, \lambda_{\sigma^{-1}(p)})$$

eine p-lineare Abbildung von L_K in L_K. Allgemeiner setze ich fest: Sind $y_1, \ldots, y_p$ Elemente von A, die nicht alle verschieden sind, so soll

$$\varphi_{y_1, \ldots, y_p}$$

die Nullfunktion sein; sind $y_1, \ldots, y_p$ alle verschieden, so gibt es (genau) eine Permutation σ der Menge $\{1, \ldots, p\}$, so daß

$$y_i = a_{\sigma(i)}$$

ist für $i = 1, \ldots, p$; dann soll

$$\varphi_{y_1, \ldots, y_p} = \varphi_\sigma$$

sein. Jetzt kann ich eine symmetrische Belegung g von C^p mit Werten in L definieren durch

$$g(\beta_1 y_1, \ldots, \beta_p y_p) = \varphi_{y_1, \ldots, y_p}(\beta_1, \ldots, \beta_p).$$

g ist symmetrisch; denn sind nicht alle y_i verschieden, so ändert eine Permutation der Argumente nichts an dem Wert Null; sind die y_i alle verschieden, so gibt es eine Permutation σ der Menge $\{1, \ldots, p\}$, so daß

$$y_i = a_{\sigma(i)} \qquad (i = 1, \ldots, p)$$

gilt, und man hat für eine weitere Permutation τ dieser Menge

$$\begin{aligned}
g(\beta_{\tau(1)}y_{\tau(1)}, \ldots, \beta_{\tau(p)}y_{\tau(p)}) &= g(\beta_{\tau(1)}a_{\sigma\tau(1)}, \ldots, \beta_{\tau(p)}a_{\sigma\tau(p)}) \\
&= \varphi_{\sigma\tau}(\beta_{\tau(1)}, \ldots, \beta_{\tau(p)}) \\
&= \varphi(\beta_{\tau(\sigma\tau)^{-1}(1)}, \ldots, \beta_{\tau(\sigma\tau)^{-1}(p)}) \\
&= \varphi(\beta_{\sigma^{-1}(1)}, \ldots, \beta_{\sigma^{-1}(p)}) \\
&= \varphi_\sigma(\beta_1, \ldots, \beta_p) \\
&= g(\beta_1 a_{\sigma(1)}, \ldots, \beta_p a_{\sigma(p)}) \\
&= g(\beta_1 y_1, \ldots, \beta_p y_p).
\end{aligned}$$

Die eindeutig bestimmte p-lineare Fortsetzung f von g auf E_K ist daher ebenfalls symmetrisch. Beide Seiten der definierenden Gleichung

$$f(\beta_1 y_1, \ldots, \beta_p y_p) = \varphi_{y_1, \ldots, y_p}(\beta_1, \ldots, \beta_p)$$

sind bei festem $y_1, \ldots, y_p \in A$ p-lineare Abbildungen von L_K in sich, die Gleichung muß daher für beliebige $\lambda_i \in L$ statt der $\beta_i \in B$ gelten,

(*) $$f(\lambda_1 y_1, \ldots, \lambda_p y_p) = \varphi_{y_1, \ldots, y_p}(\lambda_1, \ldots, \lambda_p).$$

Daraus ersieht man, daß insbesondere für alle $\lambda \in L$, $\beta_1, \ldots, \beta_p \in B$

$$f(\lambda \beta_1 y_1, \ldots, \lambda \beta_p y_p) = \lambda^p f(\beta_1 y_1, \ldots, \beta_p y_p)$$

ist. Beide Seiten dieser Gleichung sind bei festem $\lambda \in L$ p-linear bezüglich des Skalarbereiches K; die für Elemente der Basis C geltende Identität muß also für beliebige $x_1, \ldots, x_p \in E$ erfüllt sein:

$$f(\lambda x_1, \ldots, \lambda x_p) = \lambda^p f(x_1, \ldots, x_p).$$

f ist aber keine p-lineare Abbildung von E in L_L; denn nach (*) hat man ja für ein geeignetes p-Tupel $(\xi_1, \ldots, \xi_p) \in L^p$

$$\begin{aligned}
f(\xi_1 a_1, \ldots, \xi_p a_p) &= \varphi(\xi_1, \ldots, \xi_p) \neq \xi_1 \cdot \ldots \cdot \xi_p \varphi(1, \ldots, 1) \\
&= \xi_1 \cdot \ldots \cdot \xi_p f(a_1, \ldots, a_p).
\end{aligned}$$

Satz 5 Es sei φ eine p-lineare Abbildung von L_K in sich mit der Eigenschaft (H_2). Für $1 \leq q \leq p$ sei H_q die durch

$$H_q(\lambda) = \varphi(\underbrace{1, \ldots, 1}_{(q-1)\text{-mal}}, \lambda, 1, \ldots, 1)$$

definierte lineare Selbstabbildung von L_K. H_q genügt für alle α, $\lambda \in L$ der Bedingung

(D_1) $$\sum_{i=0}^{p} (-1)^{p-i} \binom{p}{i} \lambda^{p-i} H_q(\alpha \cdot \lambda^i) = 0$$

Beweis: Ich beschränke mich auf den Fall $q = p$; die anderen Fälle werden analog bewiesen. Sei daher $H = H_p$ gesetzt. Die Menge der Abbildungen von $\{1, \ldots, p\}$ in $\{1, \lambda\}$, die im folgenden häufig auftritt, sei mit W bezeichnet:

$$W = \{1, \lambda\}^{\{1, \ldots, p\}}.$$

Außerdem führe ich für jede natürliche Zahl i mit $1 \leq i \leq p-1$ eine p-lineare Abbildung φ_i von L_K in sich ein durch

$$\varphi_i(\lambda_1, \ldots, \lambda_p) = \varphi(\lambda_1, \ldots, \lambda_{p-1}, \lambda_p \cdot \lambda^i).$$

Offenbar haben mit φ auch die φ_i die Eigenschaft (H_2)[10], und wegen Satz 3 gelten für die φ_i die Gleichungen (H_7). Aus diesen Gleichungen leite ich für $j = 1, \ldots, p-1$ die Entwicklung

(1) $\qquad H(\lambda^p) = \sum\limits_{i=p-j}^{p-1} (-1)^{p-i-1} \binom{p}{i} \lambda^{p-i} H(\lambda^i) +$

$\qquad\qquad + (-1)^j \sum\limits_{\substack{|w^{-1}(\lambda)| = j, w(p) = 1 \\ w \in W}} \varphi(w(1), \ldots, w(p-1), \lambda^{p-j}).$

Für $j = 1$ gewinnt man diese Entwicklung, indem man die Gleichung (H_7) für $k = 1$ und $\varphi = \varphi_{p-1}$ hinschreibt:

$H(\lambda^p) = \varphi(1, \ldots, 1, \lambda^p) = \varphi_{p-1}(1, \ldots, 1, \lambda)$

$= \binom{p}{1} \lambda \varphi_{p-1}(1, \ldots, 1) - \sum\limits_{\substack{|w^{-1}(\lambda)| = 1, w(p) = 1 \\ w \in W}} \varphi_{p-1}(w(1), \ldots, w(p-1), 1)$

$= (-1)^c \binom{p}{p-1} \lambda H(\lambda^{p-1}) + (-1)^1 \sum\limits_{\substack{|w^{-1}(\lambda)| = 1, w(p) = 1 \\ w \in W}} \varphi(w(1), \ldots, w(p-1), \lambda^{p-1}).$

Ist die Entwicklung (1) für eine Zahl j mit $1 \leq j \leq p-2$ hergestellt, so verfahre man folgendermaßen: man betrachte ein $v \in W$ mit

$$|v^{-1}(\lambda)| = 1, v(p) = 1,$$

das also in (1) als Summationsindex auftritt, setze

$\bar{v}(j) = v(j) \qquad (j = 1, \ldots, p-1)$
$\bar{v}(p) = \lambda$

und entwickle schließlich den in (1) auftretenden Summanden

$$\varphi(v(1), \ldots, v(p-1), \lambda^{p-j}),$$

indem man die Gleichung (H_7) für $k = j+1$ und $\varphi = \varphi_{p-j-1}$ ausschreibt:

(2) $\quad \varphi(v(1), \ldots, v(p-1), \lambda^{p-j}) = \varphi_{p-j-1}(\bar{v}(1), \ldots, \bar{v}(p))$

$= \binom{p}{j+1} \lambda^{j+1} \varphi_{p-j-1}(1, \ldots, 1) - \sum\limits_{\substack{|w^{-1}(\lambda)| = j+1, w \neq \bar{v} \\ w \in W}} \varphi_{p-j-1}(w(1), \ldots, w(p))$

$= \binom{p}{p-j-1} \lambda^{j+1} H(\lambda^{p-j-1}) - \sum\limits_{\substack{|w^{-1}(\lambda)| = j+1, w \neq \bar{v} \\ w \in W}} \varphi(w(1), \ldots, w(p-1), w(p)\lambda^{p-j-1}).$

[10] Das gilt nicht für (H_1)!

Die letzte Summe spalte ich auf in eine Summe S_1 über alle Ausdrücke

(3) $$\varphi(w(1), \ldots, w(p-1), w(p)\lambda^{p-j-1})$$

mit $w(p) = 1$ und eine Summe S_2 über alle Ausdrücke (3) mit $w(p) = \lambda$. Setzt man (2) in (1) ein, so hebt sich S_2 gegen die Summe aller in (1) auftretenden Ausdrücke

$$\varphi(w(1), \ldots, w(p-1), \lambda^{p-j})$$

mit $w \neq v$, und man hat mit

$$H(\lambda^p) = \sum_{i=p-j-1}^{p-1} (-1)^{p-i-1} \binom{p}{i} \lambda^{p-i} H(\lambda^i)$$
$$+ (-1)^{j+1} \sum_{\substack{w \in W \\ |w^{-1}(\lambda)| = j+1,\, w(p)=1}} \varphi(w(1), \ldots, w(p-1), \lambda^{p-j-1})$$

die Entwicklung (1) für $j+1$ statt j hergestellt. Speziell für $j = p-1$ erhält man aus der Entwicklung (1)

$$H(\lambda^p) = \sum_{i=1}^{p-1} (-1)^{p-i-1} \binom{p}{i} \lambda^{p-i} H(\lambda^i) + (-1)^{p-1} \varphi(\lambda, \ldots, \lambda)$$
$$= \sum_{i=1}^{p-1} (-1)^{p-i-1} \binom{p}{i} \lambda^{p-i} H(\lambda^i) + (-1)^{p-1} \lambda^p \varphi(1, \ldots, 1)$$
$$= \sum_{i=0}^{p-1} (-1)^{p-i-1} \binom{p}{i} \lambda^{p-i} H(\lambda^i).$$

Damit ist der Beweis im Falle $\alpha = 1$ geführt. Im allgemeinen Falle führt man durch

$$\varphi_\alpha(\lambda_1, \ldots, \lambda_p) = \varphi(\lambda_1, \ldots, \lambda_{p-1}, \alpha \cdot \lambda_p)$$
$$H_\alpha(\lambda) = \varphi_\alpha(1, \ldots, 1, \lambda)$$

neue Funktionen φ_α, H_α ein. φ_α ist wieder eine p-lineare Selbstabbildung von L_K mit der Eigenschaft (H_2). Nach dem schon Bewiesenen gilt also

$$\sum_{i=0}^{p} (-1)^{p-i} \binom{p}{i} \lambda^{p-i} H_\alpha(\lambda^i) = 0,$$

und wegen $H_\alpha(\beta) = H(\alpha \cdot \beta)$ ist das gerade die Behauptung in der allgemeinen Form.

Satz 6 Folgende Aussagen über die lineare Selbstabbildung H von L_K sind äquivalent:

(a) Für alle $\lambda \in L$ gilt

$(D_2) \quad \sum_{i=0}^{p} (-1)^{p-i} \binom{p}{i} \lambda^{p-i} H(\lambda^i) = 0;$

(b) Für alle $\lambda_1, \ldots, \lambda_p \in L$ gilt

$(D_3) \quad \sum_{i=0}^{p} (-1)^{p-i} \sum_{\substack{M \subseteq \{1,\ldots,p\} \\ |M|=i}} \prod_{j \notin M} \lambda_j H(\prod_{k \in M} \lambda_k) = 0.$

Beweis: (a) → (b) Ich führe durch

$$g(\lambda) = \sum_{i=0}^{p} (-1)^{p-i} \binom{p}{i} \lambda^{p-i} H(\lambda^i)$$

$$f(\lambda_1, \ldots, \lambda_p) = \sum_{i=0}^{p} (-1)^{p-i} \sum_{\substack{M \subseteq \{1,\ldots,p\} \\ |M|=i}} \prod_{j \notin M} \lambda_j H(\prod_{k \in M} \lambda_k)$$

zwei Funktionen g und f ein. Offenbar ist f eine symmetrische p-lineare Abbildung von L_K in sich und g entsteht durch Variablenidentifikation aus f. Ist also $g = 0$, so muß nach der Polarisationsformel auch $f = 0$ sein. Der Schluß (b) → (a) ist trivial.

Eine lineare Selbstabbildung von L_K heißt nichttrivial, falls sie nicht zugleich lineare Selbstabbildung von L_L ist. Die Sätze 4 und 5 lehren, daß es im Falle $\Gamma \mathfrak{E}_p$ stets nichttriviale lineare Selbstabbildungen von L_K mit der Eigenschaft (D_2) gibt. Aber auch die Umkehrung ist richtig:

Satz 7 H sei lineare Selbstabbildung von L_K mit der Eigenschaft (D_2). Man setze

$\varphi(\lambda_1, \ldots, \lambda_p) =$

$= (-1)^{p-1} \lambda_p^p \sum_{i=0}^{p-1} (-1)^{p-i-1} \frac{p}{i+1} \sum_{\substack{M \subseteq \{1,\ldots,p-1\} \\ |M|=i}} \prod_{\substack{j \notin M \\ j \in \{1,\ldots,p-1\}}} \frac{\lambda_j}{\lambda_p} H\left(\prod_{k \in M} \frac{\lambda_k}{\lambda_p}\right)$

falls $\lambda_p \neq 0$ und

$\varphi(\lambda_1, \ldots, \lambda_p) = 0,$

falls $\lambda_p = 0$. Die so definierte Funktion φ ist eine p-lineare Abbildung von L_K in sich mit der Homogenitätseigenschaft (H_2) und mit

(*) $\quad \varphi(1, \ldots, 1, \lambda) = H(\lambda) \qquad (\lambda \in L).$

Aus dieser letzten Gleichung folgt insbesondere, daß φ nichttrivial ist, falls H nichttrivial ist.

Beweis: Von den Aussagen des Satzes ist nichttrivial nur, daß λ additiv in der letzten Variablen ist und die Bedingung (*) erfüllt. Zum Beweis beider Eigenschaften leite ich zunächst eine Hilfsgleichung ab. Ich betrachte dazu ein beliebiges Element $\lambda \neq 0$ von L und setze

$$\alpha_i = \lambda \qquad (i = 1, \ldots, p-1)$$

$$\alpha_p = \frac{1}{\lambda}$$

Es ist dann wegen Satz 6

$$0 = \sum_{\substack{M \subseteq \{1, \ldots, p\}}} (-1)^{p-|M|} \prod_{j \notin M} \alpha_j H(\prod_{k \in M} \alpha_k)$$

$$= \sum_{\substack{M \subseteq \{1, \ldots, p\} \\ p \in M}} (-1)^{p-|M|} \prod_{j \notin M} \alpha_j H(\prod_{k \in M} \alpha_k) + \sum_{\substack{M \subseteq \{1, \ldots, p\} \\ p \notin M}} (-1)^{p-|M|} \prod_{j \notin M} \alpha_j H(\prod_{k \in M} \alpha_k)$$

$$= \sum_{i=1}^{p} (-1)^{p-i} \binom{p-1}{i-1} \lambda^{p-i} H(\lambda^{i-2}) + \sum_{i=0}^{p-1} (-1)^{p-i} \binom{p-1}{i} \lambda^{p-i-2} H(\lambda^i)$$

$$= \sum_{i=-1}^{p-2} (-1)^{p-i} \binom{p-1}{i+1} \lambda^{p-i-2} H(\lambda^i) + \sum_{i=0}^{p-1} (-1)^{p-i} \binom{p-1}{i} \lambda^{p-i-2} H(\lambda^i)$$

$$= \sum_{i=0}^{p-2} (-1)^{p-i} \binom{p}{i+1} \lambda^{p-i-2} H(\lambda^i) + (-1)^{p+1} \lambda^{p-1} H\left(\frac{1}{\lambda}\right) + (-1)^1 \lambda^{-1} H(\lambda^{p-1})$$

$$= \sum_{i=-1}^{p-1} (-1)^{p-i} \binom{p}{i+1} \lambda^{p-i-2} H(\lambda^i).$$

Multipliziere ich diese Gleichung noch mit $-\lambda$, so habe ich für beliebiges $\lambda \neq 0$

(1) $$\sum_{i=-1}^{p-1} (-1)^{p-i-1} \binom{p}{i+1} \lambda^{p-i-1} H(\lambda^i) = 0$$

bewiesen.

Offenbar ist (1) ein Spezialfall der Gleichung (D_1) von Satz 5 für $\alpha = \lambda^{-1}$. In diesem Zusammenhang ist interessant, daß sich mit Hilfe der Sätze 5 und 7 die Gleichung (D_1) trivial aus der Gleichung (D_2) ableiten läßt.

Man hat nun wegen der Hilfsgleichung (1) für beliebige $\lambda, \mu \in L$ mit $\lambda, \mu \neq 0$

$$\varphi(\lambda, \ldots, \lambda, \mu) = (-1)^{p-1} \mu^p \sum_{i=0}^{p-1} (-1)^{p-i-1} \frac{p}{i+1} \binom{p-1}{i} \left(\frac{\lambda}{\mu}\right)^{p-i-1} H\left(\left(\frac{\lambda}{\mu}\right)^i\right)$$

$$= (-1)^{p-1} \mu^p \sum_{i=0}^{p-1} (-1)^{p-i-1} \binom{p}{i+1} \left(\frac{\lambda}{\mu}\right)^{p-i-1} H\left(\left(\frac{\lambda}{\mu}\right)^i\right)$$

$$= \lambda^p H\left(\frac{\mu}{\lambda}\right).$$

Nun gilt aber

(2) $$\varphi(\lambda, \ldots, \lambda, \mu) = \lambda^p H\left(\frac{\mu}{\lambda}\right) \qquad (\lambda, \mu \in L, \lambda \neq 0)$$

trivialerweise auch für $\mu = 0$, und man hat insbesondere für $\lambda = 1$ die Gleichung (*) von Satz 7 bewiesen. Um auch noch die Additivität von φ in der p-ten Variablen aus (2) abzuleiten, interpretiere ich (2) folgendermaßen: Ich führe durch

$$\psi_\mu(\lambda_1, \ldots, \lambda_{p-1}) = \varphi(\lambda_1, \ldots, \lambda_{p-1}, \mu)$$

symmetrische und $(p-1)$-lineare Abbildungen ψ_μ von L_K in sich ein. Gleichung (2) besagt dann gerade, daß für $\lambda \neq 0$

(3) $$\hat{\psi}_\mu(\lambda) = \lambda^p H\left(\frac{\mu}{\lambda}\right) \qquad (\lambda \neq 0)$$

ist. Aus (3) sieht man, daß der Übergang $\mu \to \hat{\psi}_\mu$ linear bezüglich des Skalarkörpers K ist. Der Übergang $\hat{\psi}_\mu \to (\hat{\psi}_\mu)_{(p-1)}$ von $\hat{\psi}_\mu$ zur $(p-1)$-ten Polarisierten ist ebenfalls linear bezüglich des Skalarkörpers K, und nach der Polarisationsformel ist $(\hat{\psi}_\mu)_{(p-1)} = \psi_\mu$. Also ist auch der Übergang $\mu \to \psi_\mu$ linear bezüglich K, womit insbesondere die Additivität von φ in der p-ten Variablen nachgewiesen ist[11].

Korollar 1 Für eine lineare Abbildung von L_K sind die Bedingungen (D_1), (D_2) und (D_3) äquivalent.

Korollar 2 Eine lineare Abbildung H von L_K in sich, welche die Bedingung (D_2) erfüllt, erfüllt für $q \geq p$ auch die Bedingung

$$\sum_{i=0}^{q} (-1)^{q-i} \binom{q}{i} \lambda^{q-i} H(\lambda^i) = 0 \qquad (\lambda \in L).$$

---

[11] Man könnte wegen (3) mit Hilfe der Polarisationsformel $\varphi(\lambda_1, \ldots, \lambda_{p-1}, \mu)$ auch einfach ausrechnen; mit

$$S(M) = \sum_{i \in M} \lambda_i \qquad (M \subseteq \{1, \ldots, p-1\})$$

hätte man nämlich

$$\varphi(\lambda_1, \ldots, \lambda_{p-1}, \mu) = \psi_\mu(\lambda_1, \ldots, \lambda_{p-1}) = (\hat{\psi}_\mu)_{(p-1)}(\lambda_1, \ldots, \lambda_{p-1})$$
$$= \frac{1}{(p-1)!} \sum_{\substack{M \subseteq \{1, \ldots, p-1\} \\ S(M) \neq 0}} (-1)^{p-1-|M|} S(M)^p H\left(\frac{\mu}{S(M)}\right),$$

woraus sich ebenfalls die behauptete Additivität ergibt.

Beweis: Es genügt, sich auf den Fall $q = p+1$ zu beschränken. Es ist für beliebiges $\lambda \in L$

$$\sum_{i=0}^{p+1} (-1)^{p+1-i} \binom{p+1}{i} \lambda^{p+1-i} H(\lambda^i) = \sum_{i=0}^{p} (-1)^{p+1-i} \binom{p+1}{i} \lambda^{p+1-i} H(\lambda^i) + H(\lambda^{p+1})$$

$$= \sum_{i=0}^{p} (-1)^{p+1-i} \binom{p+1}{i} \lambda^{p+1-i} H(\lambda^i) - \sum_{i=0}^{p-1} (-1)^{p-i} \binom{p}{i} \lambda^{p-i} H(\lambda \cdot \lambda^i)$$

$$= \sum_{i=0}^{p} (-1)^{p+1-i} \binom{p+1}{i} \lambda^{p+1-i} H(\lambda^i) - \sum_{i=1}^{p} (-1)^{p+1-i} \binom{p}{i-1} \lambda^{p+1-i} H(\lambda^i)$$

$$= \sum_{i=0}^{p} (-1)^{p+1-i} \binom{p}{i} \lambda^{p+1-i} H(\lambda^i) = -\lambda \sum_{i=0}^{p} (-1)^{p-i} \binom{p}{i} \lambda^{p-i} H(\lambda^i) = 0.$$

Beim Beweis von Satz 4 hatte ich zur Konstruktion eines Beispiels für $\neg \mathfrak{E}_p$ ((b) → (a)) einen Vektorraum E der Dimension p benutzt. Die Dimensionsbeschränkung in diesem Beispiel läßt sich nun noch wesentlich lockern; das geschieht in

Korollar 3 Hat das Körperpaar (K, L) die Eigenschaft $\neg \mathfrak{E}^p$, so gibt es zu jedem Vektorraum E über L mit $\dim E \geq 2$ eine symmetrische p-lineare Abbildung f von E_K in L_K mit der Eigenschaft (H_2), welche keine p-lineare Abbildung von E in L_L ist.

Beweis: Nach den Sätzen 4 und 5 gibt es eine nichttriviale lineare Abbildung H von L_K in sich mit der Eigenschaft (D_2). Mit diesem H bilde man eine nichttriviale p-lineare Abbildung φ von L_K in sich mit der Eigenschaft (H_2) wie in Satz 7 angegeben. Dieses φ hat nun offenbar noch die folgende Eigenschaft: Es ist symmetrisch bezüglich der ersten $p-1$-Argumente. Diese zusätzliche Eigenschaft nutze ich nun bei der folgenden Konstruktion aus. Es sei wie beim Beweis von Satz 4 A eine Basis von E, B eine Basis von L_K und $C = \{\beta \cdot a \mid \beta \in B, a \in A\}$ eine solche von E_K. Ist σ eine Permutation der Menge $\{1, \ldots, p\}$, so definiere ich wieder durch

(1) $$\varphi_\sigma(\lambda_1, \ldots, \lambda_p) = \varphi(\lambda_{\sigma^{-1}(1)}, \ldots, \lambda_{\sigma^{-1}(p)})$$

eine p-lineare Abbildung φ_σ von L_K in sich. Aus der Symmetrieeigenschaft von φ ergibt sich: Sind σ und ϱ zwei Permutationen von $\{1, \ldots, p\}$, mit $\sigma^{-1}(p) = \varrho^{-1}(p)$, so ist $\varphi_\sigma = \varphi_\varrho$. Um die Definition (1) zu verallgemeinern, betrachte ich zwei verschiedene Elemente b und c von A. Mit b und c bilde ich die Menge

$$Y = \{(y_1, \ldots, y_p) \mid \bigvee_{1 \leq i \leq p} y_i = c \wedge \bigwedge_{j \neq i} y_j = b\}.$$

$(a_1, \ldots, a_p)$ sei das Element von Y, dessen erste $p-1$-Komponenten gleich b sind. Sind $y_1, \ldots, y_p$ Elemente von A aber $(y_1, \ldots, y_p) \notin Y$, so soll

$$\varphi_{y_1, \ldots, y_p}$$

die Nullfunktion sein. Ist $(y_1, \ldots, y_p) \in Y$, so gibt es mindestens eine Permutation σ der Menge $\{1, \ldots, p\}$, so daß

(2) $$y_i = a_{\sigma(i)} \qquad (i = 1, \ldots, p)$$

ist; ist für eine weitere Permutation ϱ von $\{1, \ldots, p\}$ ebenfalls

$$y_i = a_{\varrho(i)} \qquad (i = 1, \ldots, p),$$

so gilt ja $a_{\sigma(i)} = a_{\varrho(i)}$ für $i = 1, \ldots, p$; für $i = \sigma^{-1}(p)$ folgt daraus

$$c = a_p = a_{\varrho(\sigma^{-1}(p))},$$

und da p der einzige Index j ist, für den $a_j = c$ ist[12], muß $\varrho(\sigma^{-1}(p)) = p$ sein, d. h. es muß $\sigma^{-1}(p) = \varrho^{-1}(p)$ sein. Also ist $\varphi_\sigma = \varphi_\varrho$, wie anfangs bemerkt, und ich kann unabhängig von der Wahl von σ setzen

(3) $$\varphi y_1, \ldots, y_p = \varphi_\sigma$$

Mit Hilfe der Abbildungen

$$\varphi y_1, \ldots, y_p \qquad (y_i \in A)$$

konstruiere ich die gesuchte Abbildung f wie im Beweis von Satz 4. Der Unterschied zum Beweis von Satz 4 besteht also lediglich darin, daß bei der Definition (3) die Permutation σ durch die Bedingung (2) nicht mehr eindeutig bestimmt ist, und man daher mit Hilfe der Symmetrieeigenschaft von φ dafür sorgen muß, daß die Definition (3) unabhängig von der Wahl von σ ist.

Im Falle $p = 2$ ist (D_3) gerade die bekannte Produktregel für die Differentiation, wenn man noch

(D_4) $$H(1) = 0$$

voraussetzt. Das motiviert folgende Definition: eine lineare Selbstabbildung von L_K, welche den Bedingungen (D_2) und (D_4) genügt, heißt p-Ableitung von L über K. Statt 2-Ableitung sage ich im folgenden stets Derivation. Eine p-Ableitung ist nichttrivial (vgl. S. 19) genau dann, wenn sie nicht identisch verschwindet; die Nullfunktion ist die einzige triviale p-Ableitung. Die Existenz einer nichttrivialen linearen Selbstabbildung mit der Eigenschaft (D_2) ist äquivalent mit der Existenz einer nichttrivialen p-Ableitung von L über K, denn ist H eine lineare Selbstabbildung von L_K mit der Eigenschaft (D_2), so ist die durch

$$D(\lambda) = H(\lambda) - \lambda H(1)$$

definierte Funktion D wegen

$$\sum_{i=0}^{p} (-1)^{p-i} \binom{p}{i} = 0 \qquad (p \geq 2!)$$

---

[12] Hier wird $b \neq c$, d. h. $\dim E \geq 2$ benutzt!

eine p-Ableitung von L über K; und D ist nichttrivial genau dann, wenn H nichttrivial ist. Infolgedessen kann ich als Hauptsatz dieses Kapitels formulieren den

Satz 8 Folgende Aussagen über das Körperpaar (K, L) sind äquivalent:
 (a) (K, L) hat die Eigenschaft $\mathfrak{E}_p$;
 (b) es gibt nur die triviale p-Ableitung von L über K.

3. Zweite Reduktion des Problems

Satz 9 D sei eine p-Ableitung von L über K, P sei ein Polynom über K, etwa

$$P = \sum_{j=0}^{n} r_j X^j \qquad (r_j \in K),$$

und ' sei der gewöhnliche Ableitungsoperator im Ring der Polynome über K:

$$P' = \sum_{j=1}^{n} j \cdot r_j \cdot X^{j-1}.$$

Dann gilt für alle $\lambda \in L$

(D) $\qquad D(P(\lambda)) = \sum_{i=1}^{p-1} (-1)^i \lambda^{-i} \left(\sum_{s=1}^{p-1} (-1)^s \frac{1}{s!} \binom{s}{i} \lambda^s P^{(s)}(\lambda) \right) D(\lambda^i),$

wo $^{(s)}$ die s-te Iterierte des Ableitungsoperators ' bedeutet[13].

Beweis: Ich brauche diese Formel offenbar nur für die durch

$$M_k = X^k$$

definierten Monome $M_k (k \geq 0)$ zu beweisen. Das geschieht, indem ich durch Induktion nach k zeige: Bei festem aber beliebigem $\lambda \in L$ gilt für alle $\alpha \in L$

(1) $\qquad D(\alpha \cdot M_k(\lambda)) = \sum_{i=0}^{p-1} (-1)^i \lambda^{-i} \left(\sum_{s=0}^{p-1} (-1)^s \frac{1}{s!} \binom{s}{i} \lambda^s M_k^{(s)}(\lambda) \right) D(\alpha \cdot \lambda^i).$

Für $k = 0$ ist diese Formel trivial. (Man kann sogar für $0 \leq k \leq p-1$ zeigen, daß (1) nichts anderes ist als eine komplizierte Schreibweise der trivialen Identität $D(\alpha \cdot \lambda^k) = D(\alpha \cdot \lambda^k)$. Für $0 \leq k \leq p-1$ wird also zur Gültigkeit von (1) für D die Eigenschaft (D_2) gar nicht benötigt.) Beim Induktionsschluß benutze ich die Induktionsvoraussetzung für $\alpha \cdot \lambda$ statt α. Das liefert mit Hilfe von Satz 7, Korollar 1

---

[13] Für $p = 2$ findet sich diese Formel – allerdings auf Polynome in mehreren Unbestimmten verallgemeinert – bei BOURBAKI, 1959; Livre II; Chapitre 5, S. 44.

$$D(\alpha \cdot M_{k+1}(\lambda)) = D(\alpha \cdot \lambda \cdot M_k(\lambda))$$
$$= \sum_{i=0}^{p-2} (-1)^i \lambda^{-i} \left(\sum_{s=0}^{p-1} (-1)^s \frac{1}{s!} \binom{s}{i} \lambda^s M_k^{(s)}(\lambda) \right) D(\alpha \cdot \lambda^{i+1})$$
$$+ \frac{1}{(p-1)!} M_k^{(p-1)}(\lambda) D(\alpha \cdot \lambda^p)$$
$$= \sum_{i=1}^{p-1} (-1)^{i-1} \lambda^{-(i-1)} \left(\sum_{s=0}^{p-1} (-1)^s \frac{1}{s!} \binom{s}{i-1} \lambda^s M_k^{(s)}(\lambda) \right) D(\alpha \cdot \lambda^i)$$
$$+ \frac{1}{(p-1)!} M_k^{(p-1)}(\lambda) \left(\sum_{i=0}^{p-1} (-1)^{p-i-1} \binom{p}{i} \lambda^{p-i} D(\alpha \cdot \lambda^i) \right).$$

Die innere Summe in der vorletzten Zeile ist

$$S(i) = \sum_{s=0}^{p-1} (-1)^s \frac{1}{s!} \left(\binom{s+1}{i} - \binom{s}{i} \right) \lambda^s M_k^{(s)}(\lambda)$$
$$= \sum_{s=0}^{p-1} (-1)^s \frac{1}{s!} \binom{s+1}{i} \lambda^s M_k^{(s)}(\lambda) - \sum_{s=1}^{p-1} (-1)^s \frac{1}{s!} \binom{s}{i} \lambda^s M_k^{(s)}(\lambda)$$
$$= -\sum_{s=1}^{p-1} (-1)^s \frac{1}{(s-1)!} \binom{s}{i} \lambda^{s-1} M_k^{(s-1)}(\lambda) + (-1)^{p-1} \frac{1}{(p-1)!} \binom{p}{i} \lambda^{p-1} M_k^{(p-1)}(\lambda)$$
$$- \sum_{s=1}^{p-1} (-1)^s \frac{1}{s!} \binom{s}{i} \lambda^s M_k^{(s)}(\lambda)$$
$$= -\frac{1}{\lambda} \sum_{s=1}^{p-1} (-1)^s \frac{1}{s!} \binom{s}{i} \lambda^s (s M_k^{(s-1)}(\lambda) + \lambda M_k^{(s)}(\lambda))$$
$$+ (-1)^{p-1} \frac{1}{(p-1)!} \binom{p}{i} \lambda^{p-1} M_k^{(p-1)}(\lambda)$$
$$= -\frac{1}{\lambda} \left(\sum_{s=1}^{p-1} (-1)^s \frac{1}{s!} \binom{s}{i} \lambda^s M_{k+1}^{(s)}(\lambda) + (-1)^p \frac{1}{(p-1)!} \binom{p}{i} \lambda^p M_k^{(p-1)}(\lambda) \right).$$

Daraus ergibt sich

$$D(\alpha \cdot M_{k+1}(\lambda)) = \sum_{i=1}^{p-1} (-1)^i \lambda^{-i} \left(\sum_{s=1}^{p-1} (-1)^s \frac{1}{s!} \binom{s}{i} \lambda^s M_{k+1}^{(s)}(\lambda) \right.$$
$$\left. + (-1)^p \frac{1}{(p-1)!} \binom{p}{i} \lambda^p M_k^{(p-1)}(\lambda) \right) D(\alpha \lambda^i)$$
$$+ \sum_{i=0}^{p-1} (-1)^i \lambda^{-i} (-1)^{p-1} \frac{1}{(p-1)!} \binom{p}{i} \lambda^p M_k^{(p-1)}(\lambda) D(\alpha \lambda^i)$$
$$= \sum_{i=1}^{p-1} (-1)^i \lambda^{-i} \left(\sum_{s=1}^{p-1} (-1)^s \frac{1}{s!} \binom{s}{i} \lambda^s M_{k+1}^{(s)}(\lambda) \right) D(\alpha \cdot \lambda^i)$$
$$+ (-1)^{p-1} \frac{1}{(p-1)!} \lambda^p M_k^{(p-1)}(\lambda) D(\alpha \cdot \lambda^0).$$

Den zweiten Summanden kann man aber umformen zu

$$(-1)^{p-1}\binom{k}{p-1}\lambda^{k+1}D(\alpha\cdot\lambda^0) = (-1)^{p-1}\left(\sum_{s=0}^{p-1}(-1)^{p-1-s}\binom{k+1}{s}\right)\lambda^{k+1}D(\alpha\cdot\lambda^0)$$

$$= \left(\sum_{s=0}^{p-1}(-1)^s\frac{1}{s!}\binom{s}{0}\lambda^s M_{k+1}^{(s)}(\lambda)\right)D(\alpha\cdot\lambda^0),$$

womit der Beweis abgeschlossen ist.

Satz 10 Ist $\lambda \in L$ algebraisch über K, so ist $D(\lambda) = 0$ für jede p-Ableitung D von L über K.

Beweis: Ist $\lambda = 0$, so ist nichts zu beweisen. Im Falle $\lambda \neq 0$ sei P das Minimalpolynom von λ über K. Ich setze

$$Q_j = X^{j-1}P \qquad (j = 1, \ldots, p-1).$$

Nach Satz 9 gelten dann die $p-1$-Gleichungen

$$\sum_{i=1}^{p-1}(-1)^i\lambda^{-i}\left(\sum_{s=1}^{p-1}(-1)^s\frac{1}{s!}\binom{s}{i}\lambda^s Q_j^{(s)}(\lambda)\right)D(\lambda^i) = 0 \qquad (j = 1, \ldots, p-1).$$

Ich fasse dieses System als lineares Gleichungssystem zur Bestimmung der $D(\lambda^i)$ ($i = 1, \ldots, p-1$) auf, und berechne die Determinante Δ dieses Systems. Es ist offenbar

$$\Delta = (-1)^c \lambda^{-c} \det \mathfrak{A},$$

mit

$$c = \sum_{i=1}^{p-1} i, \quad \mathfrak{A} = (A_{j,i})\,^{14}, \quad A_{j,i} = \sum_{s=1}^{p-1}(-1)^s\frac{1}{s!}\binom{s}{i}\lambda^s Q_j^{(s)}(\lambda)$$

Im Falle $p = 2$ ist die entscheidende Endformel (*) trivialerweise richtig. Im Falle $p > 2$ forme ich $\mathfrak{A}$ mit Hilfe der Rekursionsformel

$$Q_j^{(s)}(\lambda) = \lambda Q_{j-1}^{(s)}(\lambda) + s \cdot Q_{j-1}^{(s-1)}(\lambda) \qquad \begin{array}{l}(s = 1, \ldots, p-1) \\ (j = 2, \ldots, p-1)\end{array}$$

durch elementare Zeilen- und Spaltenoperationen um, ohne den Wert der Determinante zu ändern. Ich bezeichne dazu die Zeilen von $\mathfrak{A}$ mit $\mathfrak{Z}_j$ und setze dann

$$\mathfrak{Z}_j^0 = \mathfrak{Z}_j \qquad (j = 1, \ldots, p-1)$$

[14] Der erste Index gilt im folgenden stets als Zeilenindex.

und für $k \leq p-2$

$$\mathfrak{Z}_j^k = \mathfrak{Z}_j^{k-1} \qquad (j = 1, \ldots, k)$$

$$\mathfrak{Z}_j^k = \mathfrak{Z}_j^{k-1} - \lambda \cdot \mathfrak{Z}_{j-1}^{k-1} \qquad (j = k+1, \ldots, p-1).$$

Die Matrix mit den Zeilen $\mathfrak{Z}_j^k$ sei mit $\mathfrak{A}^k$ bezeichnet. Den Übergang von $\mathfrak{A}^{k-1}$ zu $\mathfrak{A}^k$ nenne ich den k-ten Reduktionsschritt. Bei jedem Reduktionsschritt wird eine Zeile, die ihre endgültige Form noch nicht erlangt hat, wie folgt verändert:

a) in den in dieser Zeile auftretenden Polynomableitungen $Q_j^{(s)}$ werden oberer und unterer Index (s und j) jeweils um 1 verringert; der alte obere Index tritt als Faktor vor die Polynomableitung;

b) infolge der unter a) beschriebenen Verkleinerung des oberen Index ' werden die Summen, welche die Elemente einer Zeile darstellen, jeweils um einen Summanden kürzer, da ja nach Voraussetzung

$$Q_j^{(0)}(\lambda) = 0 \qquad (j = 1, \ldots, p-1)$$

ist.

Nach k Reduktionsschritten haben die Zeilen mit den Nummern $1, \ldots, k+1$ ihre endgültige Form angenommen, sie werden durch evtl. noch folgende Reduktionsschritte nicht mehr verändert. Bezeichnet man nun die Matrix mit den Zeilen $\mathfrak{Z}_j^{p-2}$ mit

$$\mathfrak{B} = (B_{j,i}),$$

so gilt nach dem Gesagten offenbar

$$B_{j,i} = \sum_{s=j}^{p-1} (-1)^s \frac{1}{s!} \binom{s}{i} \left(\prod_{s \geq q \geq s-j+2} q \right) \lambda^s Q_1^{(s-j+1)}(\lambda)$$

$$= \sum_{s=j}^{p-1} (-1)^s \frac{1}{(s-j+1)!} \binom{s}{i} \lambda^s P^{(s-j+1)}(\lambda)$$

$$= \sum_{s=1}^{p-j} (-1)^{s+j-1} \frac{1}{s!} \binom{s+j-1}{i} \lambda^{s+j-1} P^{(s)}(\lambda).$$

Die Matrix $\mathfrak{B}$ hat nun offenbar die gleiche Determinante wie $\mathfrak{A}$, und dasselbe gilt natürlich dann auch für die durch

$$C_{j,i} = B_{j,i} - \binom{p-1}{i} B_{j,p-1} \qquad \begin{matrix}(j = 1, \ldots, p-1) \\ (i = 1, \ldots, p-2)\end{matrix}$$

$$C_{j,p-1} = B_{j,p-1} \qquad (j = 1, \ldots, p-1)$$

definierte Matrix $\mathfrak{C} = (C_{j,i})$. Es ist aber für $i = 1, \ldots, p-2$

$$C_{j,i} = B_{j,i} - (-1)^{p-1} \frac{1}{(p-j)!} \binom{p-1}{i} \lambda^{p-1} P^{(p-j)}(\lambda)$$

$$= \sum_{s=1}^{p-j-1} (-1)^{s+j-1} \frac{1}{s!} \binom{s+j-1}{i} \lambda^{s+j-1} P^{(s)}(\lambda),$$

und das ist Null für $j = p-1$. Nach dem Entwicklungssatz hat man daher

$$\det \mathfrak{A} = (-1)^{p-1} \lambda^{p-1} P'(\lambda) \det \mathfrak{B}^*,$$

wo $\mathfrak{B}^*$ formal aufgebaut ist wie $\mathfrak{B}$, nur daß statt des Parameters p der Parameter $p-1$ auftritt. Man kann daher $\mathfrak{B}^*$ genauso abbauen wie $\mathfrak{B}$ und erhält eine Matrix $\mathfrak{B}^{**}$ usw. Nach insgesamt $p-2$ solchen Schritten hat man

(*) $$\det \mathfrak{A} = (-1)^c \lambda^c (P'(\lambda))^{p-1},$$

und dieser Ausdruck ist von Null verschieden, da P Minimalpolynom von λ über K ist[15]. Also müssen die »Unbekannten« $D(\lambda^i)$ sämtlich Null sein.

Korollar Jede p-Ableitung D von L über K ist auch eine p-Ableitung von L über der algebraisch abgeschlossenen Hülle von K in L.

Beweis: Anwendung von Satz 10 auf die durch

$$D_\lambda(\alpha) = D(\alpha \cdot \lambda) - \alpha D(\lambda)$$

definierte p-Ableitung von L über K.

Als Abschluß dieser Arbeit zitiere ich einen Satz von BOURBAKI, der die bis jetzt gefundenen Ergebnisse zu einer befriedigenden Lösung des anfangs geschilderten Problems abrundet:

Satz 11 (BOURBAKI) Ist L transzendent über K, so gibt es mindestens eine nichttriviale Derivation von L über K[16].

Bedenkt man, daß das Korollar 2 zu Satz 7 die folgende Aussage enthält:

ist $q \geq p$, so ist jede p-Ableitung von L über K auch q-Ableitung von L über K,

so hat man als Hauptergebnis dieses Kapitels

---

[15] Auch hier wird Char $K = 0$ gebraucht.
[16] Das Ergebnis von BOURBAKI, 1959, Livre II, Chapitre 5, ist wesentlich stärker als Satz 11; Satz 11 ergibt sich trivial aus den folgenden Sätzen des zitierten Buches: S. 98, Theorem 1 (STEINITZ); S. 139, Proposition 4 und Proposition 5.

Satz 12 Folgende Aussagen über das Körperpaar (K, L) sind äquivalent:

(a) L ist algebraisch über K;
(b) es gibt nur die triviale p-Ableitung von L über K;
(c) es gibt nur die triviale Derivation von L über K.

Die Sätze 8 und 12 beinhalten insbesondere die anfangs angekündigte Äquivalenz von $\mathfrak{E}_p$ mit der Algebraizität von L über K.

Als Abschluß mache ich einige Bemerkungen zum Aufbau der Arbeit. Das folgende Diagramm veranschaulicht den logischen Zusammenhang der Begriffe und die Bedeutung der einzelnen Sätze:

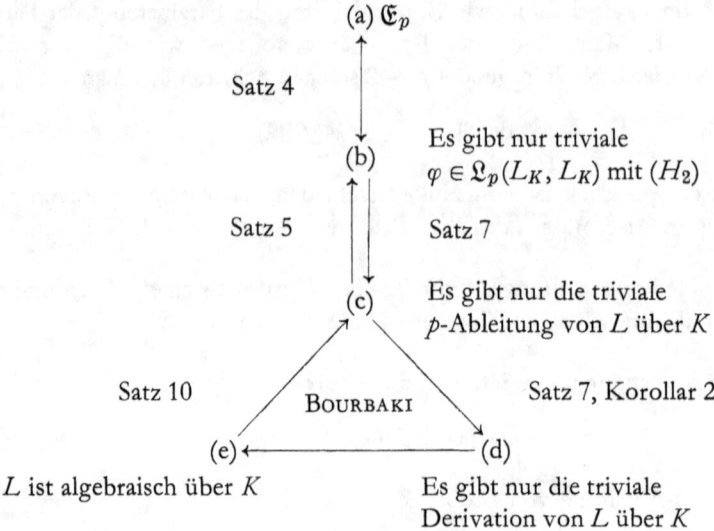

Die Formulierungen und Beweise der einzelnen Pfeile dieses Diagramms in den angegebenen Sätzen sind stets in der Kontraposition geschehen – mit Ausnahme des Pfeils von (e) nach (c). Ersetzt man den Pfeil von (b) nach (c) durch einen Pfeil von (b) nach (d), so repräsentiert das neue Diagramm die gleiche logische Struktur wie das alte, nämlich wieder die Äquivalenz aller vorkommenden Aussagen. Führt man den Beweis eines solchen Pfeils von (b) nach (d) wieder in der Kontraposition, so hätte man mit Hilfe einer nichttrivialen Derivation von L über K eine nichttriviale p-lineare Abbildung von L_K in sich mit der Eigenschaft (H_2) zu konstruieren. Eine solche Konstruktion wäre einfacher als die Konstruktion von Satz 7; man könnte im wesentlichen mit einem Summanden der in Satz 7 verwandten Summe auskommen, für $\lambda_p \neq 0$ also z. B.

$$\varphi(\lambda_1, \ldots, \lambda_p) = -\frac{1}{p-1} \lambda_p^p \left(\frac{\lambda_1 \cdot \ldots \cdot \lambda_{p-1}}{\lambda_p^{p-1}} \right)',$$

$$= \lambda_1 \cdot \ldots \cdot \lambda_{p-1} \cdot \lambda_p' - \frac{1}{p-1} (\lambda_1 \cdot \ldots \cdot \lambda_{p-1})' \lambda_p$$

setzen. Auch die »Funktionaldeterminante«

$$\varphi(\lambda_1, \ldots, \lambda_p) = \begin{vmatrix} \lambda_1^{(0)} & , \ldots \ldots \ldots, & \lambda_p^{(0)} \\ \vdots & & \vdots \\ \vdots & & \vdots \\ \lambda_1^{(p-1)}, & \ldots \ldots \ldots, & \lambda_p^{(p-1)} \end{vmatrix}$$

leistet in diesem Falle das Verlangte, wie man leicht bestätigt.

Literaturverzeichnis

[1] BANACH, S., Homogene Polynome in (L^2), Stud. Math. VII (1938), S. 36–44.
[2] FRECHET, M., Les polynomes abstraites, J. de Math. (9) 8 (1929), S. 71–92.
[3] HILLE, E., und PHILLIPS, R. S., Functional analysis and semi-groups, Providence 1957, insbes. 26. 2. Multilinear forms and polynomials[17].
[4] HUTTER, W., Vektorpolynome, Diplomarbeit, Köln 1962[18].
[5] VAN DER LIJN, G., La définition fonctionelle des polynomes dans les groupes abeliens, Fund. Math. 33 (1945), S. 42–50[19].
[6] VAN DER LIJN, G., Les polynomes abstraites, Bull. Sci. Math. (2) 64 (1940), S. 55–80, 102–112, 128–144 und 163–196.
[7] VAN DER LIJN, G., Quelques formules concernant des opérateurs polynomiaux, Bull. Soc. Roy. Sci. Liège 11 (1942), S. 528–531.
[8] LUSTERNIK, L. A., und SOBOLEV, V. J., Elements of functional analysis, Dehli 1961, insbes. VI, § 40 Homogeneous forms and polynomials.
[9] MAZUR, S., und ORLICZ, W., Grundlegende Eigenschaften der polynomischen Operationen, Stud. Math. 5 (1935), S. 50–68.
[10] NEVANLINNA, F. und R., Absolute Analysis, Berlin–Göttingen–Heidelberg 1959, insbes. II, 2.1 Potenzen und Polynome.
[11] SCHMIDT, J., Tensorrechnung, Vorlesungsmanuskript, Köln 1960/61.

---

[17] Dieses Buch enthält noch weitere Literaturangaben zur Theorie der analytischen Funktionen mit Argumenten und Werten in normierten linearen Räumen, die (ebenso wie die Theorie der mehrfach stark (Fréchet-) differenzierbaren Funktionen) mit Hilfe des Monombegriffs begründet wird.
[18] Diese Arbeit wird demnächst in den Berichten des Rheinisch-Westfälischen Instituts für Instrumentelle Mathematik, Bonn, veröffentlicht werden.
[19] Diese Arbeit sollte schon in dem nicht mehr gedruckten Band 32 (1939) der Fund. Math. erscheinen; man vergleiche dazu die Vorrede zu dem Band 33 (1945).

GPSR Compliance

The European Union's (EU) General Product Safety Regulation (GPSR) is a set of rules that requires consumer products to be safe and our obligations to ensure this.

If you have any concerns about our products, you can contact us on

ProductSafety@springernature.com

In case Publisher is established outside the EU, the EU authorized representative is:

Springer Nature Customer Service Center GmbH
Europaplatz 3
69115 Heidelberg, Germany